BEI GRIN MACHT SICH IHR WISSEN BEZAHLT

AF157135

- Wir veröffentlichen Ihre Hausarbeit, Bachelor- und Masterarbeit

- Ihr eigenes eBook und Buch - weltweit in allen wichtigen Shops

- Verdienen Sie an jedem Verkauf

Jetzt bei www.GRIN.com hochladen
und kostenlos publizieren

Amalia Aventurin

Eine geologische Exkursion in das Münsterländer Kreidebecken

GRIN Verlag

Bibliografische Information der Deutschen Nationalbibliothek:

Die Deutsche Bibliothek verzeichnet diese Publikation in der Deutschen National-
bibliografie; detaillierte bibliografische Daten sind im Internet über http://dnb.d-
nb.de/ abrufbar.

Impressum:

Copyright © 2010 GRIN Verlag GmbH
Druck und Bindung: Books on Demand GmbH, Norderstedt Germany
ISBN: 978-3-656-37775-7

Dieses Buch bei GRIN:

http://www.grin.com/de/e-book/209064/eine-geologische-exkursion-in-das-
muensterlaender-kreidebecken

GRIN - Your knowledge has value

Der GRIN Verlag publiziert seit 1998 wissenschaftliche Arbeiten von Studenten, Hochschullehrern und anderen Akademikern als eBook und gedrucktes Buch. Die Verlagswebsite www.grin.com ist die ideale Plattform zur Veröffentlichung von Hausarbeiten, Abschlussarbeiten, wissenschaftlichen Aufsätzen, Dissertationen und Fachbüchern.

Besuchen Sie uns im Internet:

http://www.grin.com/

http://www.facebook.com/grincom

http://www.twitter.com/grin_com

1. Die geologische Entwicklung des Münsterländer Kreidebeckens und des Rheinischen Schiefergebirges

Die Geschichte des Münsterländer Kreidebeckens begann vor ungefähr 100 Ma in der Unterkreide, genauer gesagt im Alb. Zu dieser Zeit wurde ein Gebirge, das seit dem Karbon bestand, allmählich vom Meer überflutet, bis es dann im Cenoman komplett vom Meer überdeckt war. Die Fließrichtung des Wassers erfolgte von Norden nach Süden und die Küstenlinie verlagerte sich somit südwärts. Dadurch wurden die anfänglichen Kohlevorkommen nun von bis zu 1,8km mächtigen Kalken, Tonen, Mergeln und Sanden durch das Meerwasser überdeckt. Im westlichen Teil des Beckens bildete sich ein flaches Schelfmeer mit vorwiegend sandigen Sedimenten, im östlichen Teil dagegen bildete sich ein tieferes Schelfmeer hauptsächlich bestehend aus tonigen und karbonatischen Sedimenten, den so genannten Beckumer-Schichten. Etwa 20 Ma später, im oberen Obercampan, kam es an untermeerischen Abhängen zu Turbiditströmen, die zur Bildung von Flammenmergel führten. Zum Ende der Kreide ist das Münsterländer Kreidebecken durch Regression des Meerwassers wieder komplett festländisch und wurde wieder angehoben. Auf diese Weise entstanden der Haarstrang, die Egge und der Teutoburger Wald.

Die Entwicklung des Rheinischen Schiefergebirges begann dagegen viel früher, nämlich im Mittel-Devon vor etwa 400 Ma. Zu dieser Zeit überdeckte ein ausgedehntes Meer Europa, wodurch es zur Ablagerung von feinen Sanden und Tonen kam. In flacheren Meeresregionen bildeten sich aufgrund des wärmeren Wassers Korallenriffe. Im Karbon fand schließlich die Diagenese dieser Sedimente statt: Die Kalkschlämme aus den tieferen Meeresregionen wurden zu Kalksteinen, Tone wurden zu Tonsteinen oder Kieselschiefer, Sande zu Sandsteinen und Korallen wurden diagenetisch umgewandelt zu Riffkalksteinen. Vor etwa 300 Ma fand die Variszische Orogenese statt und die vormals gebildeten Gesteine wurden weiter zusammengepresst, herausgehoben und abschließend verfaltet, wodurch das Rheinische Schiefergebirge seine typische Faltenform erhielt. Im Norden des Gebirges dagegen gab es viele Wälder und Sümpfe, die mit der Zeit immer wieder vom Meer überflutet wurden und sich so im Oberkarbon mächtige Kohleflöze gebildet haben. Zur Zeit der Kreide wurde dieses Gebirge durch Verwitterungsprozesse wieder weitgehend abgetragen, bis es dann vor etwa 100Ma durch erneute Transgression des Meeres wieder überflutet wurde. Die später folgende Regression am Ende der Kreide formte die heutige Landschaft.

2. Erster Tag: Erster Aufschluss im Cemex-Steinbruch südöstlich von Beckum

Um den ersten Aufschluss der Geländeübung zu erreichen, ist unsere Gruppe vom Institut für Geologie und Paläontologie, Corrensstr.24, von Münster aus 60km südöstlich nach Beckum zum westlichen Ortsrand gefahren. Dort hat unsere Gruppe den Steinbruch der Cemex Logistic GmbH besucht.

Der gesamte Aufschluss ist 20-30m mächtig und besteht überwiegend aus dicken Kalkbänken, die mit dünnen Mergeln alternieren. Diese Schichtfolge ist auch bekannt als die Beckumer Schichten. Die Kalksteine sind überwiegend weiß bis hellgrau, es finden sich aber auch hellbraune Schichten die durch aus dem Wasser gefällte Stoffe entstanden sind, die sich hier als rostige Beschläge ablagern. Die Gesteine sind sehr feinkörnig und mit dem Hammer leicht in Bruchstücke zu zerkleinern. Die Mergelschichten dagegen sind sehr lehmig und tonig und haben ein dunkleres Grau, als die Kalkbänke. Auch sind die Mergel sehr weich und lassen sich mit bloßen Händen zerbrechen. Beide Gesteinstypen brausen mit 10%-iger Salzsäure, was ein Indiz für das Vorhandensein von Karbonat ist.

Abb. 1: Wechsellagen von Kalkbänken und Mergeln; horizontale Schichtung

Weiterhin finden sich in dem Aufschluss auch viele Fossilien von Korallen und Muscheln. Diese Funde deuten darauf hin, dass das Ablagerungsmileau der Sedimente marin und oxisch gewesen sein muss, was wiederum ein Hinweis auf gute Wasseroszillation ist. Entstanden sind die Kalke durch marin abgelagerte Schalentiere. Die gradierte Schichtung lässt auf eine Ablagerung durch Turbiditströme schließen, was wiederum einer Wellenbasis von etwa 50-60m und einer Ablagerungstiefe von etwa 200-300m entspricht. An einigen Gesteinen finden sich jedoch keine Schichtungen, dafür aber fossile Wurmgänge, was auf eine

Bioturbation zurückzuführen ist und ein weiteres Indiz für das Vorhandensein von Sauerstoff im Sediment ist.

Abb. 2: Wurmgänge (unten links) und fossile Muschelabdrücke (oben rechts)

Abb. 3: isoklinale Falten

Nun tauchen einige Meter weiter ganz untypisch für den restlichen Aufschluss isoklinale Falten auf. Diese Falten sind ungefähr 1m mächtig und bestehen hauptsächlich aus dicken Kalkbänken. Als das Sediment noch schwach verfestigt war, kam es zu Rutschungen, eventuell durch Erdbeben. Durch die Strömungen im flachmarinen Bereich wurde das Sediment wieder zusammen geschoben. Auffällig ist, dass die Schichten über der Falte wieder komplett horizontal sind und eine deutliche Winkeldiskordanz zeigen.

Des Weiteren findet sich in diesem Aufschluss noch ein Kluftsystem. Dieses System ist vor allem in den Kalken gut ausgeprägt, während die Mergel die Kluftrichtung kompensieren und somit kaum erkennbar sind. Diese Klüfte machen sich vor allem dadurch gut bemerkbar, dass Rauschen von Wasser an dem Aufschluss vernommen werden kann. Die Gesteine stammen aus der Zeit der Oberkreide und zwar genauer aus dem Campan (vor 80 Ma).

3. Erster Tag: Zweiter Aufschluss im Steinbruch der Firma „Killing & Co. Natursteine" südlich von Beckum

Der zweite Aufschluss führt unsere Gruppe in einen Steinbruch der Firma „Killing und Co. Natursteine". Dieser Aufschluss befindet sich weiter südlich von Beckum, nämlich am südlichen Rand von Anröchte. Besonders auffällig an diesem Aufschluss ist, dass die horizontale Schichtung von Süden nach Norden hin abfällt. Somit sind die Schichten im Norden jünger, als die im Süden. Hier gibt es auch wieder Klüfte mit kalkigen Ablagerungen, aber auch glaukonitführende Sandsteine, die auch Kalzit und Quarz enthalten. Diese Gesteine wurden auch unter flachmarinen Bedingungen mit küstennahem Sandeintrag abgelagert.

Auch an diesem Aufschluss ist wieder ein Kluftsystem erkennbar. Die Ausbreitungsrichtung ist anhand einer besenähnlichen Struktur erkennbar, die sich fächerförmig ausbreitet.

Abb. 4: Kalkige Ablagerung auf einem glaukonitführenden Sandstein

Abb. 5: Kluftsystem mit Besenstruktur

4. Erster Tag: Dritter Aufschluss an der Gaststätte „Route 66"

Der dritte Aufschluss befindet sich an der B55 an der Straße „auf dem Haarstrang" an der Gaststätte „Route 66". Von hier aus bekommt unsere Gruppe einen guten Überblick über die Schichtenlandschaft des Münsterlands.

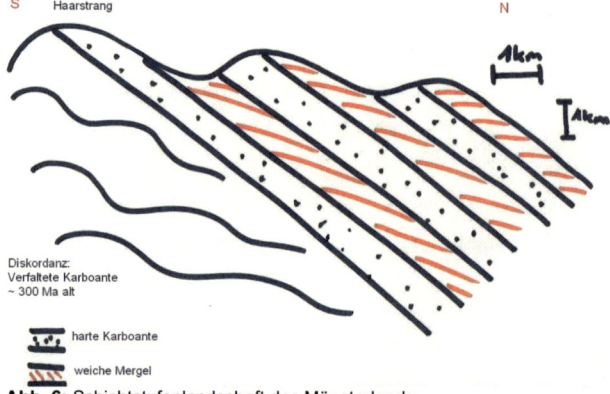

Abb. 6: Schichtstufenlandschaft des Münsterlands

Auf der Zeichnung sind die harten und resistenten Karbonate und die weichen Mergel zu erkennen. Der Mergel wird aufgrund seiner Konsistenz bevorzugt erodiert. Das gesamte Schiefergebirge wurde durch die variszische Orogenese gehoben und die unterschiedlich resistenten Schichten wurden gekippt.

Auch erkennt man auf der Zeichnung die diskordante Verfaltung der Karbonate, welche ein Liefergebiet für die vorhandenen Grünsandsteine sind, die im letzten Aufschluss gefunden wurden.

5. Erster Tag: Vierter Aufschluss in einem Steinbruch am Ortsausgang von Altenrüthen

Der vierte und letzte Aufschluss des ersten Exkursionstages befindet am östlichen Ortsausgang von Altenrüthen. Dieser Aufschluss lässt sich in zwei Teile gliedern.

Der erste Teil des Aufschlusses befindet sich im südlicheren Teil. Hier finden sich hauptsächlich Sandsteine mit tonigem Bindemittel, die deutlich weicher sind, als die vorangegangenen Gesteine, aber es finden sich auch wieder dickgebankte Kalksteine mit einer Mächtigkeit von 0,5-2m, die flachmarin abgelagert wurden. Diese Gesteine sind nun älter als die Vorangegangenen und stammen aus der oberen Unterkreide, genauer aus dem Alb, und sind somit etwa 120 Ma alt.

Im zweiten Teil dieses Aufschlusses, der sich weiter nördlich befindet, finden sich nun dicke, bankige Sandsteine mit kalkigem Bindemittel ohne Mergel. Der Kalk liegt bei diesem Aufschluss über dem Sandstein und somit werden die Gesteine nach Norden hin jünger. Diese Gesteine stammen nun aus der oberen Unterkreide, genauer aus dem Cenoman und sind somit etwa 90 Ma alt. Zu dieser Zeit fand in

7

diesen Teil des Münsterländer Kreidebeckens eine Transgression um etwa 200m statt, die Küstenlinie wanderte nach Süden und das Gebiet lag komplett im tieferen Wasser. Diese Epoche wird auch als die „Cenoman-Transgression" beschrieben.

6. Zweiter Tag: Erster Aufschluss in einem Steinbruch am Ortsausgang von Brilon

Der zweite Exkursionstag beginnt mit einem Aufschluss an einem stillgelegten Steinbruch am Ortsausgang von Brilon, genauer zwischen unserer Jugendherberge und dem Ortsende von Brilon. Die Gesteine, die hier auftauchen, sind hellgrau bis blau, sehr hart und weisen eine unregelmäßige Struktur auf. Weiterhin brausen die Gesteine mit 10%-iger Salzsäure, was ein Indiz für das Vorkommen von Karbonaten ist, und es finden sich hier auch viele Fossilien, unter anderem von Korallen, was wiederum ein Beleg für marine Ablagerungen ist, denn wie auch die anderen Aufschlüsse lag dieser in der Kreide unter Wasser. Genauer gesagt lag dieser Aufschluss an einem Riff. Durch Verwitterungsprozesse entstand Riffschutt, der sich im Vorriff abgelagert hat und mit der mit Zeit verfestigt wurde. Durch tektonische Bewegungen bildeten sich unter Kontakt mit anderem Material, die vorhandenen Gesteine: Styolithe. Diese Styolithe sind deutlich jünger, als die Gesteine der anderen Aufschlüsse und stammen aus dem Mittel-Devon, genauer aus dem Givet.

Durch Erosion und chemische Verwitterung haben sich mit der Zeit an der Oberfläche Rinnen gebildet. Unter der Erde fand dagegen Subrosion statt. Es kam zur Bildung von Höhlen, die aufgrund des überlagernden Gewichts und der vorschreitenden Subrosion einstürzten. So kam es schließlich zur Bildung der typischen Karstlandschaft des Rheinischen Schiefergebirges mit seiner sehr unregelmäßig ausgeprägten Landschaftsform. Diese unregelmäßige Struktur ist auch an den vorhandenen Styolithen gut erkennbar.

Abb. 7: Styolithe mit Spuren von herausgelöstem Ton

Diese Styolithe fallen neben ihrer Struktur auch durch die zahlreichen Hohlräume auf. Diese Hohlräume sind durch Karstverwitterung entstanden, wobei der sich vormals im Gestein befindliche Ton im Zuge dieser Verwitterung herausgelöst wurde.

7. Zweiter Tag: Zweiter Aufschluss in einem Steinbruch in Messinghausen

Der zweite Aufschluss des heutigen Tages führt uns in die Ortschaft Messinghausen, genauer gesagt an den südlichen Ortsausgang, zu einem stillgelegten Steinbruch. Dieser Aufschluss lässt sich auch in zwei Teile gliedern.

Am ersten Teil des Aufschlusses finden sich sehr dunkle Gesteine, die hellen Feldspat in einer dunklen, feinkörnigen Matrix und viele Blasenhohlräume enthalten. An einigen Stellen hat das Gestein auch eine schwache Rotfärbung, was durch verwittertes Eisenhydroxid am Feldspat hervorgerufen wird. Das Gestein schäumt mit 10%-iger Salzsäure auf, was wieder ein Indiz für das Vorhandensein von Karbonat ist. All diese Faktoren deuten darauf hin, dass es hierbei um einen Vulkanit handelt, genauer um einen Diabas, der aus dem Unter-Karbon stammt. Dieser Vulkanit ist untermeerisch entstanden, dabei reagierte die heiße Lava mit dem Meerwasser und der vorhandene Plagioklas wurde zu Albit umgewandelt. Bei dieser Reaktion wurde auch Calcium frei, der mit dem vorhandenen Karbonat aus dem Wasser reagiert, als Calciumkarbonat ausfällt und die Blasenhohlräume ausfüllt. Auch enthält dieser Diabas eine schwache Grünfärbung, die durch Chlorit hervorgerufen wird und ist schwach metamorph überprägt.

Abb. 8: Diabas mit rötlicher Färbung

Abb. 9: Kontakt von Tonschiefer (links) und massigem Diabas (rechts)

Am zweiten Teil des Aufschlusses finden sich deformierte Tonsteine, die zu Tonschiefern umgewandelt wurden und gleichzeitig direkt auf den ungeschieferten Diabas zulaufen, wie in   Abbildung 8 erkennbar. Eine Erklärung für diesen besonderen Kontakt wäre, dass das tonige Sediment im Ober-Devon zu Tonstein umgewandelt wurde. In diese tonigen Gesteine ist nun der Diabas im Unter-Karbon intrudiert. Im Oberen-Karbon fand die Schieferungsbildung der Tonsteine statt. Die Diabas-Gänge waren zu der Zeit schon zu fest und zu kompakt, sodass keine Schieferung möglich gewesen wäre.

8. Zweiter Tag: Dritter Aufschluss in einem Steinbruch bei Niederhof

Der dritte Aufschluss des heutigen Tages führt uns in das Dorf Niederhof in der Nähe der Burg Rösenek zu einem weiteren stillgelegten Steinbruch. Dieser Aufschluss lässt sich diesmal in drei Teile gliedern.

Der erste Teil befindet sich im Südosten des Aufschlusses. Auch hier finden sich wieder dunkle Gesteine, die hellen Feldspat enthalten und wieder mit Blasenhohlräumen übersät sind. Eine leichte Grünfärbung stammt auch dieses Mal von einer feinen Beimengung von Chlorit. Diese Gesteine weisen ein Parallelgefüge auf, was leicht anastomisiert und sich demnach leicht um die Feldspäte biegt. Aufgrund dieser Tatsachen handelt es sich hierbei wieder um einen Diabas. An dem Aufschluss selbst lässt sich noch eine leichte Schichtung mit dünner, schräger Schieferung erkennen, die in Abbildung 10 gezeigt wird.

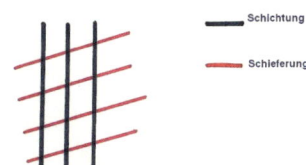

Schichtung
Schieferung

Abb. 10: Skizze der Schicht- und Schieferungsbeziehung

Der zweite Teil des Aufschlusses liegt etwas weiter nordwestlich. Hier finden sich vermehrt Gesteine mit einer tuffigen Matrix mit Blöcken von Riffkalken. Dies ist ein gutes Beispiel für gravitativen Massentransport.

Der dritte und letzte Teil des Aufschlusses befindet sich im Nordwesten des Steinbruches. Hier finden sich überwiegend dicke Bänke von Diabasen, die eine Schichtung aufweisen. Dazwischen befinden sich schwarze Sedimente, die sich zwischen den Fingern zerreiben lassen. Dies deutet darauf hin, dass diese Sedimente mit viel organischem Kohlenstoff angereichert sind. Des Weiteren riecht das Gestein sehr stark nach Schwefel und braust mit 10%-iger Salzsäure, was wieder auf die Anwesenheit von Kalk deutet. Somit deutet alles darauf hin, dass es sich hierbei um Stinkekalk handelt.

Abb. 11: Beziehung von dicken Diabas-Bänken und dünnen Stinkekalken (Mitte)

Anhand dieser Abbildung sieht man neben den Beziehungen von Diabasen und Stinkekalken auch noch eine Schichtung angedeutet.

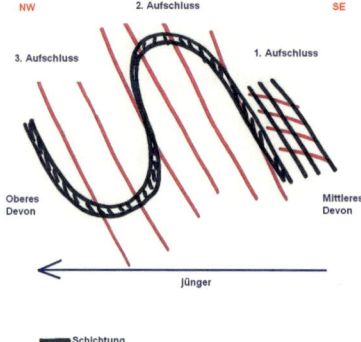

Abb. 12: Beziehung von Schichtung und Schieferung in dem Steinbruch bei Niederhof

Anhand der Abbildung 12 erkennt man gut die Schichtung und die Schieferung an dieser Falte. Generell ist die Schieferung achsenparallel zur Schichtung, jedoch ist an einigen Stellen die Schichtung steiler als die Schieferung und umgekehrt. Wenn die Schieferung steiler ist als die Schichtung, dann befindet sich der Aufschluss auf einem überkippten Schenkel einer Falte. Weiterhin ist auch erkennbar, dass die Falte eine Vergenz nach Nordwesten aufweist.

9. Zweiter Tag: Vierter Aufschluss im Steinbruch Arnstein zwischen Padberg und Adorf

Der vierte und letzte Aufschluss dieser Exkursion befindet sich zwischen Padberg und Adorf am Fluss Diemel in dem stillgelegten Steinbruch Arnstein.

Hier finden sich nun wieder Diabase, wie in den vorangegangenen Aufschlüssen, jedoch sind diesmal die Blasenhohlräume mit Kalzit gefüllt und somit handelt es sich um Diabas-Mandelsteine. Des Weiteren finden sich an der Wand des Steinbruches Gesteine, die keine Schieferung aufweisen, und Klüfte, die mit teils sehr runden, dunkelgrau-blauen Gesteinen gefüllt sind. Bei diesen Gesteinen handelt es sich um Kissenbasalte aus dem Mitteldevon, die subaquatisch ausgeflossen sind. Kissenbasalte sind normalerweise typisch für Mittelozeanische Rücken, hier jedoch handelt es sich um ausgedünnte kontinentale Kruste unter der submariner Vulkanismus stattfand. Mit der Zeit und im Zuge plattentektonischer Verschiebungen wurden diese Kissenbasalte an die Oberfläche gehoben. Weiterhin sind die Zwickel der Basalte mit Sediment gefüllt und fein verschweißt (hyaloklastisch).

Abb. 13: runde Kissenbasalte

10. Literaturverzeichnis:

1.) Piecha, Matthias: Erdgeschichte der Landschaft nördlich und südlich des Bismarcktums.

   Krefeld: Geologischer Dienst Nordrhein-Westfalen

2.) Geologischer Dienst NRW: Die Kreide-Zeit, vom Festland zum Meer. Krefeld

Alle Abbildungen und Fotografien ohne Quellenanagabe stammen aus eigener Hand!